6

監修 辻井良政
佐々木卓治

お米の歴史

イネ・米・ごはん大百科
❻ お米の歴史

もくじ

ぼくたちといっしょに
米づくりについて学ぼう！

お米博士　　ダイチ　　メグミ

この本の特色と使い方

●『イネ・米・ごはん大百科』は、お米についてさまざまな角度から知ることができるよう、テーマ別に6巻に分け、体系的にわかりやすく説明しています。

●それぞれのページには、本文や写真・イラストを用いた解説のほかに、コラムや「お米まめ知識」があり、知識を深められるようになっています。

●本文中で（➡○巻p.○）とあるところは、そのページに関連する内容がのっています。

●グラフや表には出典を示していますが、出典によって数値がことなったり、数値の四捨五入などによって割合の合計が100％にならなかったりする場合があります。

●1巻p.44〜45で、お米の調べ学習に役立つ施設やホームページを紹介しています。本文と合わせて活用してください。

●この本の情報は、2020年2月現在のものです。

本文
各ページのテーマにそった基本的な内容をまとめてあります。

お米
まめ知識
学習の補足や生活の知恵など、知っていると役立つ情報をのせています。

写真・イラスト
解説
写真やイラストを用いて本文を補足しています。

コラム
米づくりのくふう
昔の人の農業の知恵など、具体的な例を紹介しています

コラム
もっと知りたい！
重要な内容や用語を掘り下げて説明しています。

昔はどんなふうに米づくりをしていたの?

農具や米づくりの技術の歴史を調べよう

はぁ〜〜

かまで稲刈りって大変だね

コンバインなら一気に終わるのに!

でも昔の人はみんなこうやって稲刈りをしていたんだよ

へえ〜

田植えとかほかの作業はどうやってたのかな

じゃあ見に行ってみる?

START

あっあれ何してるんだろう田植え?

そのとおりあれは歩行型田植え機

人が田植え機を押して歩くことで苗を植えるよ

昭和時代

江戸時代

あれは?

踏車で川の水を田んぼに引き入れているんだ

5

野生植物から栽培作物へ

人は食料を得るために、植物を栽培するようになりました。日本で昔から栽培されてきたイネは、いつ、どこから、やってきたのでしょう。

イネのふるさとは中国大陸

　お米がとれるイネは、もともと中国の長江（揚子江）流域にある、湖南省のあたりに、野生で生えていたといわれています。湖南省にある遺跡では、1万4000年以上前のものとされるイネのもみ殻が見つかっていますが、これが野生のものか、人の手で栽培されたものなのかはわかっていません。

　確実に米づくりをしていたという跡が残っている遺跡は、中国の河姆渡遺跡です。ここでは約6000年前の水田跡と、炭化（加熱されて炭になること）したお米が発掘されています。

イネのふるさと

朝鮮半島

中国

長江（揚子江）

吉野ヶ里遺跡

河姆渡遺跡

奄美群島

湖南省

台湾

▲日本に伝わったイネの祖先といわれている、「オリザ・ルフィポゴン」という野生のイネ。環境破壊によって、数が減りつつある。

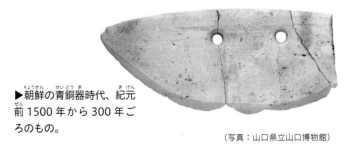

朝鮮半島南部で見つかった石包丁

▶朝鮮の青銅器時代、紀元前1500年から300年ごろのもの。

（写真：山口県立山口博物館）

以前は、日本で稲作がおこなわれ始めたのは、弥生時代からだと考えられていたんだ

日本

イネは
海をこえて
日本にやって
きたんだね

吉野ヶ里遺跡（佐賀県）で
見つかった石包丁

▲◀弥生時代中ごろのもの。朝鮮半島南部で見つかったもの（p.6の写真）とかたちがよく似ている。

（写真：佐賀県）

❶ 日本へは縄文時代に伝わった

中国大陸で始まった稲作は、縄文時代に日本にも伝わりました。稲作が伝わってきたルートについては、おもに3つの説があります。

ひとつ目は、長江下流から朝鮮半島を通り九州北部へ伝わったという説。ふたつ目は、長江下流から直接、九州北西部へ伝わったという説。3つ目は、中国南部から台湾、沖縄・奄美群島をへて九州南部へ伝わったという説です。

有力な説はひとつ目で、その理由は、朝鮮半島南部と九州北部から見つかった石包丁（イネの穂を刈り取るための農具）が、同じかたちをしているからです。しかし、それだけでは確定できず、正しいルートは今のところわかっていません。

もっと 知りたい！ 稲作のはじまりを裏づける調査・研究

遺跡から炭化したお米や水田跡が見つかった場合、そこで稲作がおこなわれていた証明になります。また、そのほかにも科学的な方法で証明することができます。「プラント・オパール」はおもにイネ科植物の細胞にたまる0.05mmほどのガラス状の物質で、何千年という時間がたっても土の中に残ります。土の中からイネのプラント・オパールがたくさん見つかれば、その地域で、その地層の時代に、イネを栽培していたという証拠になるのです。

イネのプラント・オパール。プラント・オパールのかたちや大きさは植物によってちがう。

（写真：株式会社パレオ・ラボ）

お米
まめ知識
イネのふるさとと考えられている湖南省は、現代でも中国有数のお米の産地だよ。豊富な水資源と暖かい気候、そして稲作に適した土壌がそろっているんだ。

日本列島に稲作が広まる

日本に稲作が広まったようすは、各地で見つかる水田跡や農具などからわかります。はじめに九州に伝わり青森県まで広まりました。

九州から日本列島を北上

中国大陸から九州に伝わった稲作は、少しずつ北へ向かいながら日本列島の各地に広まっていきました。縄文時代の終わりごろから弥生時代にかけて、全国各地で稲作がおこなわれていたことがわかっています。

日本ではこれまでに20以上の水田跡が見つかっています。そのなかでいちばん古いものは、佐賀県の菜畑遺跡です。ここでは縄文時代の終わりごろから弥生時代までの、広い年代の地層で水田跡が発掘されたことから、長く稲作がおこなわれていた集落だと考えられます。

稲作のようすを伝える遺跡と農具

古代の人びとがどうやってお米をつくっていたのか、遺跡にしっかり残されているんだね

板付遺跡（福岡県福岡市）

1978（昭和53）年に、縄文時代終わりごろの水田跡が発掘された。

上鑵子遺跡（福岡県糸島市）

◀腐りやすく現代まで残りにくい木製農具が、原形に近いかたちのまま数多く見つかっている。この、うすときねは、弥生時代中ごろから終わりにかけてのもので、稲穂から米を外したり、もみを取るために使われた。

（写真：伊都国歴史博物館）

菜畑遺跡（佐賀県唐津市）

▼1980（昭和55）年に縄文時代の終わりごろの水田跡が見つかり、2020（令和2）年2月現在、日本最古の水田跡とされている。弥生時代の水田跡や炭化したお米のほか、石包丁、くわ、すきなどの農具も見つかっている。写真は復元した水田。

吉野ヶ里遺跡（佐賀県神埼郡吉野ヶ里町・神埼市）

弥生時代の遺跡としては日本最大級で、国の特別史跡にも指定されている。何百年にもわたる弥生時代の人びとのくらしを知ることができる、多くの史料が見つかっている。

（写真：唐津市）

垂柳遺跡（青森県南津軽郡田舎館村）

◀弥生時代中ごろの水田跡が見つかっている。田は現在より1区画が小さく、低いあぜで区切られていた。

（写真：田舎館村教育委員会）

▲垂柳遺跡の水田跡では、弥生時代の人の足跡も発掘された。

砂沢遺跡（青森県弘前市）

弥生時代はじめごろの遺跡。弥生時代の水田跡の中では、最も北にある。

╱当時の稲作のようす╱

桜ヶ丘遺跡（兵庫県神戸市）

◀祭りや儀式のときに使われたと考えられている銅鐸。青銅という、銅とすずをまぜた金属でつくられていて、稲作と同じように中国大陸から伝わったとされる。兵庫県の桜ヶ丘遺跡で出土した銅鐸には、うすときねで脱穀する人がえがかれている。

（神戸市立博物館蔵 Photo：Kobe City Museum / DNPartcom）

登呂遺跡（静岡県静岡市）

弥生時代終わりごろの大規模な水田跡から、あぜを補強する矢板が多数見つかった。住居跡、高床倉庫跡なども発掘され、復元されている。

中西遺跡（奈良県御所市）

弥生時代はじめごろの、広い水田跡が見つかっている。

唐古・鍵遺跡（奈良県磯城郡田原本町）

弥生時代に多くの農具などをつくっていた跡が見つかっている。

小黒遺跡（静岡県静岡市）

◀弥生時代の終わりごろに大きく発展した地域で、田んぼに囲まれた集落の跡がある。写真はこの遺跡から出土した、田のどろをならす、えぶりという農具。

（写真：静岡市教育委員会）

お米
まめ知識

日本のいちばん北で見つかった水田跡は、青森県の砂沢遺跡にあるよ。弥生時代にはすでに、寒い地方にまで稲作が広まっていたんだね。ちなみに、北海道で稲作が始まったのは明治時代になってからだよ。

稲作が人びとのくらしを変えた

食べものを求めて移動するくらしから、同じ場所に住み、
田んぼで米をつくるくらしに変化したことで、生活が安定しました。

ムラができる

稲作が伝わる以前、人びとは野山で食べられる
ものを探しながらくらし、食べるものが少なくな
ると移動するという生活をしていました。これで
は、家族や少人数でくらすことがやっとです。

稲作のはじまりで、人びとの生活は変化しまし
た。イネを毎年安定して収穫できるようになり、
多くとれた分は保存することができました。

稲作をおこなうには、田んぼをつくる、水を引
くなど、多くの作業があるため、協力しなければ
うまくいきません。人びとは集まってくらし、田
んぼや畑に水を引くことができる川の近くに定住
するようになりました。こうしてできた集落が「ム
ラ」です。ムラは、川の近くや自然の堤防がある
場所、見通しのよい高台などにつくられました。

ムラができる以前のくらし

稲作をする前の人びとは、野山で草や木の実を
とる、けものや鳥を狩る、魚や貝をとるなどし
て、食料を集めていた。

弥生時代のムラ

田んぼや畑

田んぼや畑は集落のまわりに
あった。水を確保する技術が
なかった時代は、低湿地に田
んぼをつくっていた。畑では
オオムギ、アワ、ヒエ、豆類
などを栽培していた。

住居

竪穴住居とよばれる家に住んでいた。地面を丸や四角に浅く掘り、そのまわりに柱を立て、かやぶきの屋根をつけた。中には火を燃やす炉があり、ひとつの家に4～5人がくらしていた。

高床倉庫

収穫した米などを、湿気や洪水、ネズミなどから守って保管する建物。弥生時代中ごろからつくられた。床が高いため風通しがよく、柱にはネズミが登りにくいようにするくふうもあった。お米は稲穂のまま貯蔵し、食べるときに脱穀した。

人びとのくらし

共同で稲作の作業をするようになると、人びとをまとめる指導者があらわれるようになった。また、田んぼの水や食べものを、ほかのムラと取り合う争いが起こった。弥生時代は人びとの争いが始まった時代でもある。

堀

まわりに堀をつくって、敵のムラから自分たちのムラを守った。堀は洪水を防ぐことや、水をたくわえることにも役立った。

お米が安定してつくれるようになれば、より多くの人を養えるようになる。こうしてムうは大きくなっていったんだ

弥生時代の稲作と農具

イネとともに、さまざまな稲作の技術や農具が伝わってきました。
田んぼのしくみや農作業は、今とほとんど変わりません。

◯ 古代の米づくり

この時代はおもに石や木でできた農具を使い、米づくりにおけるひとつひとつの作業を、人の力でおこなっていました。

田おこしと代かき（➡2巻p.12～13）

田おこしと代かきは、田んぼに種もみをまいたり苗を植えたりできるように準備をすること。田おこしでは、土を掘り起こしてかたまりをくだき、土がやわらかくなったら、田んぼに水を入れる。代かきは土と水をよくまぜ、水の深さが均等になるようにならす。

くわ
▶土を掘り起こしたり、土のかたまりをくだくときに使われた。

大足
▲土のかたまりをふんでくずしたり、肥料になる雑草を田んぼのどろの中にふみこむために使われた。重いので、なわをつけて手で持ち上げた。
（写真：飯南町教育委員会）

えぶり
▼代かきのとき、土の表面をならすために使われた。

田げた
◀湿地や水が入った田んぼで、どろの中に足がしずまないようにはいた。
（写真：静岡市教育委員会）

すき
▲田おこしや代かきで使われた、現代のシャベルのような農具。

（写真：静岡市教育委員会）

種もみをまく、苗を植える
（➡2巻p.8～9、p.16～17）

古代の米づくりでは、田んぼにそのまま種もみをまく方法が多かったと考えられている。ただ、これまでに発見された水田跡から、きちんとならんだイネの跡も見つかっていて、弥生時代には育てた苗を田んぼに植える方法もおこなわれていたことがわかっている。

▲岡山県の百間川原尾島遺跡の水田跡には、苗を植えたようなようすが見られる。
（写真：岡山県古代吉備文化財センター）

弥生時代に使われていた農具と現在使われている農具をくらべてみよう。見た目がほとんど変わらないものもあるよ！

お米まめ知識　弥生時代中ごろになると、中国大陸から鉄をつくる技術が伝わり、鉄を使った農具が使われるようになったんだ。刃を鉄に変えたくわやすき、稲刈り用の鉄のかまなどが使われて、作業速度が速くなったよ。

収穫（→2巻p.30〜31）

　稲刈りには石包丁を使い、稲穂だけを1本ずつ刈り取っていた。弥生時代の田んぼでは、いろいろな種類のイネを育てていたので、実る時期はイネによってちがった。石包丁は一見すると効率が悪く見えるが、実りのよいものを選んで収穫するために都合がよかった。木でつくった木包丁や貝でつくった貝包丁が見つかっている遺跡もある。

石包丁
◀現代の包丁とはちがい、稲穂を刈り取るためだけに使われた。

田舟
▼田んぼや水路で、農具や土、苗、収穫した稲穂などを乗せて、なわを引いて運ぶのに使った。

貯蔵（→3巻p.10〜13）

　収穫した稲穂は、日に当てて乾燥させてから保存する。食べるためだけでなく、次の年に栽培する種もみとするためにも保存した。
　弥生時代前期は、地面に掘った大きな穴（貯蔵穴）に、土器に入れた稲穂を置いたり、穴の底に植物の葉などをしき、その上に稲穂を置いたりして保存していた。
　弥生時代中ごろになると鉄の道具が使われるようになり、木を加工して建物をつくる技術が発達する。大事な稲穂を保存するために、高床倉庫がつくられた。稲穂は土器に入れて倉庫に置かれるか、たばねて倉庫の中につまれた。

貯蔵穴
▼穴の出入り口は小さく、屋根をつけて雨を防いだ。出入りするときには、きざみはしごを使ったと考えられている。

高床倉庫

きざみはしご
▲厚い板や丸太にきざみをつけて、足がかけられるようにした弥生時代のはしご。ねずみが登らないように、ふだんは外しておいた。

ねずみ返し
▲高床倉庫の柱の上のほうにつけられた丸い大きな板。ねずみの侵入を防ぎ、中の食料を守った。

昔の人が食べたお米

古代の米は現代の品種とくらべると、収穫量が少ないものでした。
昔の人はいったいどんな食べ方をしていたのでしょうか。

世界各地へと伝わったアジアイネ

食用として栽培されているイネには、「アジアイネ」と「アフリカイネ」というふたつのグループ（➡１巻 p.10）があります。世界各地に広く伝わっているアジアイネには、ジャポニカ米、インディカ米、ジャバニカ米という種類があります。日本で広く栽培されるようになったジャポニカ米は、イネのなかでは寒さに強い種類です。

弥生時代は白米ばかりではなく、ぬかの色に特ちょうのある赤米も多く見られました。また、同じ田んぼで育てているイネでも、育ち方に大きな差がありました。人間の手で、育てやすいものや収穫量の多いものを選んで育てた結果、栽培しやすいイネが増えていきました。

ジャポニカ米
◀丸みのある種類の米。日本で広く栽培されている。

インディカ米
▶米粒が細長い種類の米。

ジャバニカ米
◀ジャポニカ米に近いなかまで、おもに熱帯地域で栽培される。

うすときねで脱穀

弥生時代、お米を食べるときは、玄米の状態で煮たり蒸したりしていたといわれています。

稲穂についたもみを食べられるようにするには、なんども手をかけなければなりません。最初は稲穂をうすに入れ、きねでついて、稲穂からもみを外す「脱穀」をおこないます。次はもみをきねでついて、もみ殻を取る「もみすり」をして玄米にします。

玄米をさらにきねでつくと、米粒のまわりの「ぬか」が取れて白米になりますが、白米が食べられるようになるのは、弥生時代よりも先の奈良時代になってからのことです。

▶きねとうすで脱穀から精米までおこなう。

昔の人がうすときねを使っているようすは銅鐸にもえがかれていたね（➡p.9）！

お米まめ知識 インディカ米をアウス米（秋イネ）、アマン米（冬イネ）などと栽培時期で分ける分類もあるよ。また、ジャポニカ米のなかまを熱帯ジャポニカ米、温帯ジャポニカ米とよぶ分類もあるんだ。

いろいろな食べ方

稲作がおこなわれるようになったはじめのころ、お米は焼き米にして食べていたようです。もみ殻がついたままのお米を焼き、きねでついてもみ殻を取りのぞいたものです。そのまま食べるほか、お湯にひたしてやわらかくして食べます。弥生時代になると、土器を使ってお米を煮て、おかゆにして食べていました。そして古墳時代には「こしき」で蒸した、強飯というごはんを食べるようになります。

お米がおもな食べものになりつつありました

が、じゅうぶんな量がとれなかったので、アワ、ヒエ、ムギなどの雑穀をまぜていました。また、ドングリ、クルミ、クリなどの実、カキやモモなどの果物、豆類もよく食べていました。

焼き米
◀水分が少ないので、保存がきく。今でも非常食としたり、登山に持っていったりすることがある。少しかたいが、よくかんでいると、こうばしくておいしい。お湯をかけてふやかすと、ごはんのようになる。

おかゆ（かたがゆ、しるがゆ）
▲強い火で水気がなくなるまで炊いたものが、少しかたさのある「かたがゆ」。弱い火でぐつぐつにた、やわらかく水分の多いものが「しるがゆ」。

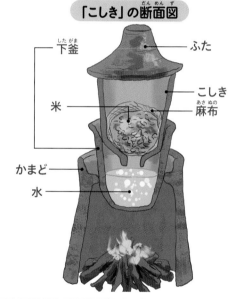

「こしき」の断面図

下釜
ふた
米
こしき
麻布
かまど
水

強飯
◀底に穴があいた「こしき」という土器に、麻布で包んだお米を入れてかたために蒸したもの。お米は蒸す前に水にひたしておく。

日本におはしを広めたのは聖徳太子だった？

おはしもお米と同じく、中国大陸から伝わったものです。日本最古のおはしは、7世紀の遺跡（奈良県の飛鳥宮跡）で見つかったものですが、大きさから見ると、食事用ではないと考えられています。日本でははじめ、おはしを食事ではなく、特別な儀式で使ったようです。

日本でおはしを食事に使うようになったのは、聖徳太子が広めたからだという説があります。隋の国（今の中

国）からの使者をもてなすときに、中国のようにおはしを使うことをよいとしたといわれ、上流階級ではこのころから広く使われたようです。

8世紀になると、一般の人にもおはしを使う文化が広まっていきました。奈良の平城京跡や、奈良の大仏がある東大寺では、食事に使ったと思われるおはしがたくさん発見されました。都や大仏をつくった職人たちが使ったのではないかと考えられています。

客人の前で手づかみで食べるなんて失礼なことです

お米が富の象ちょうになる

鉄の農具が広まると稲作の技術が高くなり、お米の生産量が増えました。
社会全体のしくみが変わり、米は富をあらわすものになります。

鉄製の農具が広まる

　鉄は、中国大陸から朝鮮半島を通って日本に伝わりました。弥生時代中ごろは、鉄や鉄を使った農具を交易で入手していましたが、弥生時代後期になると自分たちで鉄をつくるようになります。鉄を使った農具が日本各地で広く使われるようになり、稲作の作業が大きく変わりました。

　じょうぶな鉄を使った農具で、かたい地面を掘ったり土をくだいたりする作業が早くできるようになりました。新しい田んぼがつくられ、ため池や水路もできました。稲穂の刈り取りにかまが使われ、お米の生産量が増えていきました。

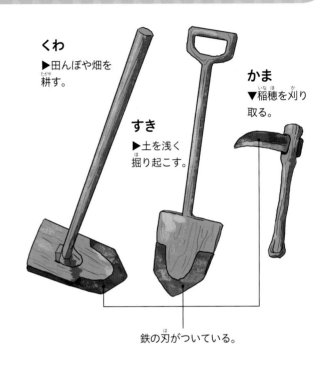

くわ
▶田んぼや畑を耕す。

すき
▶土を浅く掘り起こす。

かま
▼稲穂を刈り取る。

鉄の刃がついている。

権力者があらわれ国土が統一される

　共同作業で稲作をし、ムラが大きくなっていくと、人びとをまとめる指導者があらわれます。指導者はたくさんの土地や田んぼを支配し、富をたくわえた権力者となっていきました。力のある権力者（豪族）は、ほかの弱いムラも支配するようになり、クニという大きなまとまりができていきます。

　3世紀中ごろからの約300年は古墳時代とよばれ、豪族の墓（古墳）が全国各地につくられました。3世紀ごろの日本にはクニが30ほどあったといわれ、4世紀になると豪族たちが手を組んで多くのクニをまとめ、大和朝廷（大和政権）ができました。

▲3世紀ごろの日本で、多くのクニを支配していた邪馬台国の女王、卑弥呼。

お米まめ知識　米づくりが広まったころ、中国大陸や朝鮮半島からわたってきて日本に住むようになった人を、渡来人というよ。渡来人は鉄や布、建物などをつくる技術、漢字や仏教などの知識を日本にもたらしたんだ。

古代国家のしくみがととのえられる

大和朝廷（大和政権）は政治のしくみをととのえ、646年の「改新の詔」で、すべての土地と人は国のものとすると発表したとされます。

701年には「大宝律令」という法律を決め、天皇を中心とした律令制度が完成します。そのなかの「班田収授の法」によって、6歳以上のすべての人に「口分田」という農地をあたえ、そこで収穫した米などを税としておさめるしくみをつくったのです。

税を米でおさめるしくみは、かたちを変えながらも1873（明治6）年まで長く続きました。

律令制度によって定められた義務（21〜60歳の男子の場合）

税の種類	税のおさめかた
租	収穫したお米の約3％をおさめる
庸	都で10日間働くか、麻布2丈6尺（約8m）をおさめる
調	布、鉄、海産物など、その土地の特産物をおさめる
雑徭	年に60日以内、国司のために働く
兵役	中央政府のための兵役や労役

荘園が各地に広まる

やがて人口が増えて口分田が足りなくなったため、朝廷は743年に「墾田永年私財法」という法律を出します。国の許可をもらっていれば、新しくつくった田んぼは永久に自分のものにしてよいという内容です。

力のある貴族や寺社は、税をおさめられずに自分の口分田をはなれた貧しい人などをやとって、新しい田んぼをつくり、自分の土地を増やしていきました。この私有地は荘園とよばれました。

国が土地と人を管理するしくみ

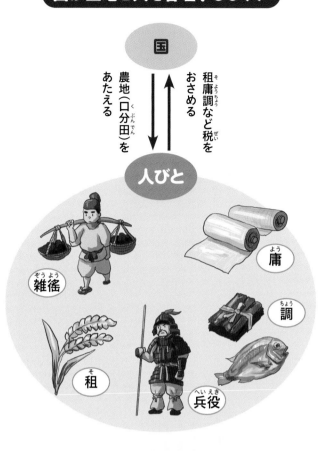

国

租庸調など税をおさめる
農地（口分田）をあたえる

人びと

雑徭　庸　調　租　兵役

お米は都で働く人の給料として支払われるなど通貨として重要な役割を果たしていたんだ

▲各地の貴族や寺社はそれぞれ自分の荘園を持つようになり、さらに自分の荘園を守るために、武器を持つ管理者を置くようになった。この管理者がやがて、武士になっていった。

17

力を合わせる農民

農民はくらしを守るために、地域のなかま同士で力を合わせました。
その結果、惣という集団が生まれ、新しい農村文化が花開きました。

荘園が増え律令制度がくずれる

平安時代中ごろになると、地方の豪族や貴族が各地で勢力を強め、荘園が増えていきました。

これまでの、「人や土地は国のもの」という考え方のもと、人びとに農地をあたえ、国に税をおさめさせるしくみ（律令制度）はくずれました。

かわりに、国の役人（国司）が、豪族や貴族が荘園の領主になることを認め、その土地でとれたものを税として取り立てるしくみに変わっていきます。

荘園の数が増えるにつれて、領主や役人たちの争いが増えました。彼らは土地を守るために武装したり、武装した家臣たちを従えたりするようになり、武士となっていきました。

『月次風俗図屏風第3・第4扇（部分）』にえがかれた田植え

室町時代、16世紀後半の作品。田植えの場面は、集団が協力して農作業をしているようすが、細かなところまでかかれている。

（東京国立博物館蔵 Image: TNM Image Archives）

1. 早乙女（五月女）とよばれる女性たちがおそろいの着物を着て、おはやしに合わせて苗を植えている。すぐそばにいる、赤いかさをかぶり、右手にうちわ、左手にくわを持っている人が、この田んぼの持ち主だと考えられている。

2. おどりや、太鼓、小鼓、笛などのおはやしで、田植えを盛り上げる人たち。赤い器には、おにぎりが盛ってある。

3. 苗をかついで運んできた人。

4. 早乙女たちが持つ苗がなくならないように補給している。

5. うちわ、くわを持って、早乙女たちをはげましたり調子をとったりしている。

6. 農作業をする人たちに、おなかいっぱい食べてもらおうと、たくさんの食事を運んでくる人たち。子どもも手伝っている。

7. 苗を運ぶ人たちを、手伝う子どももいる。

8. くわを使って田んぼをならしている人と、牛にすきを引かせて田んぼをならしている人。

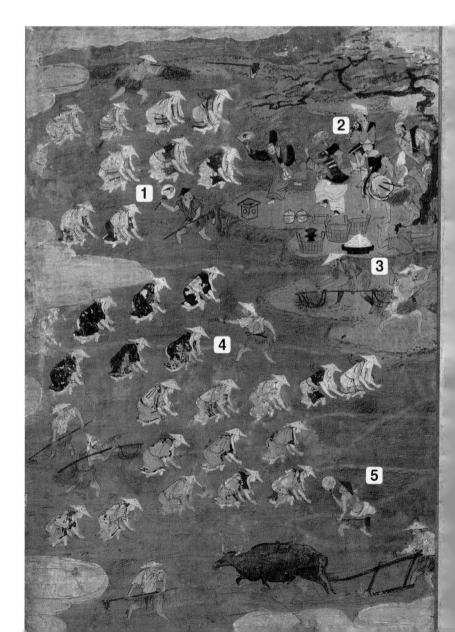

農民たちが「惣」をつくる

貴族にかわって武士が権力を持つ時代がおとずれました。そして1192年に 源 頼朝が征夷大将軍になります。頼朝が開いた鎌倉幕府は「地頭」という役人を各地の荘園に派遣して管理させました。地頭は「荘園を守る」、「農民から税（年貢）を集める」などの役目を持っていました。

地頭による支配が進み、やがて室町時代になると、農民たちは地域のなかまで協力し合うようになりました。そして、田んぼや水路の管理、田んぼに引く水の分配、農民同士のもめごとの解決などをするようになりました。この農民たちの集団は「惣」とよばれました。

農民が団結して一揆が起きる

惣をつくった農民たちは協力して農作業をおこなうだけでなく、自分たちの生活を守るために、その土地の支配者に抵抗することもありました。同じ目的を持って団結する集団や、その集団による反抗を「一揆」といいます。農民が武器を持ち、税を軽くするように要求する一揆がたびたび起こりました。

もっと知りたい！ 稲作と伝統芸能

日本人のくらしに深く関わるお米は、日本の文学や芸能にもよく登場します。日本でいちばん古い『万葉集』という歌集には、稲作やお米に関する短歌がたくさんおさめられています。また、『月次風俗図屏風』にえがかれている、笛、太鼓とともに田植えを盛り立てたおどりは、豊作をいのる「田楽」という芸能です。「猿楽」という芸能と合わさって、「能」「狂言」という、現代も続いている伝統芸能になりました。また、田んぼに水が足りるように雨がふることをいのるおどりや、豊作を感謝するおどりなどが、季節ごとにいのりと感謝をあらわす芸能となって日本各地に残りました。

※征夷大将軍とは、朝廷に任命され、武士たちをまとめる最高の地位のこと。

19

稲作技術の進歩

武士の時代がおとずれ、地頭が税を集めるようになりました。農民たちは生産力を高めるために努力し、稲作の技術が進歩しました。

家畜を使った農作業

鎌倉時代において、農業は経済を支える重要な産業であったため、作物を効率よく生産することが求められました。そこで農民たちは、牛や馬といった家畜を利用して、農地を耕すようになりました。

それまでも家畜はものを運んだり車を引いたりすることに使われていましたが、農作業に使うことが広まったのは鎌倉時代です。家畜に引かせて田んぼを耕す道具は、全国に広まっていきました。

馬ぐわ
▶▼家畜に引かせて、土をくだいてならす道具。

（写真：奈良県立民俗博物館／株式会社クボタ）

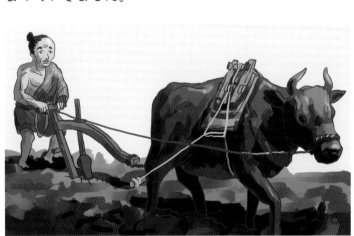

からすき
◀▼とがった部分を土にさしこみ、家畜に引かせて土をおこす道具。からすきの「から」は「唐」から来ていて、唐の国（現在の中国）からやってきた新しいものの意味。

（写真：奈良県立民俗博物館／株式会社クボタ）

人の力では
時間がかかることも
牛や馬の力を借りれば
あっという間だね！

牛や馬を使った稲作は
昭和30年ごろまで
続けられていたんだよ

肥料を使った土づくり

作物が育つためには栄養分が必要です。同じ土地で作物をつくり続けるには、人が肥料を足していかなければなりません。稲作が伝わったころは、田んぼで肥料となる草をふみ、まぜこんだりしていました。鎌倉時代のころになると、稲作についての知識が深まって、いろいろな肥料が使われるようになりました。家畜を使って深く耕した土地に肥料が加わることで、作物が育ちやすくなり、収穫量が増えていったのです。

▶刈り取ってくさらせた草「刈敷」、落葉樹の葉をくさらせた「たい肥」、草木を燃やして残った灰、人間のふん尿、家畜のふんとわらをまぜたものなど、さまざまな肥料が使われた。

水車などを使った水の管理

水車

古代の人は、はじめから水の多い湿地を田んぼにしていましたが、やがて湿地以外の場所でも田んぼがつくられるようになりました。鉄を使った道具でさまざまな土地を耕し、水を引く用水路や、水の量を調節するしくみをつくることができるようになっていたのです。

鎌倉時代のころになると、川や水路より高い場所の土地に水をくみ上げる水車や竜骨車が広まりました。

▲川の流れを利用して水をすくい上げ、水面より高い場所の田んぼに水を引きこむ。

竜骨車

▲数人で棒に乗り、足でふんで回転させ、水をくむ。

水を引くのが
むずかしかった、
乾いた土地も田んぼに
できるようになったんだ

米づくりのくふう 西日本を中心に二毛作が広まった

農業技術がめざましい発達をとげたことで、西日本を中心に「二毛作」が広がりました。二毛作とは、1年に2回、同じ土地を使ってちがう作物をつくることをいいます。

場所によっては、イネやムギのほかに、ダイズやソバなども育てる三毛作もおこなわれていました。

二毛作のカレンダー

春から秋にかけては田んぼでイネを育てて、収穫後の秋から翌年の春までは、同じ土地を畑にしてムギなどをつくることが多かった。

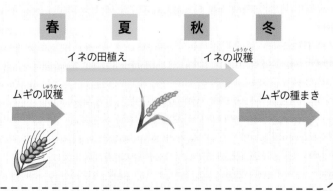

春	夏	秋	冬

イネの田植え　　　　　　イネの収穫

ムギの収穫　　　　　　　　　　　　ムギの種まき

お米
まめ知識
水車や竜骨車が登場する前は、おけの両側に縄を付けた、「投げつるべ」という道具が使われていたよ。おけの部分を川や池に投げ、ふたりがかりで縄を引き上げて、田んぼに水を入れていたんだ。

もっと知りたい！

稲作と祭り

古くからおこなわれている祭りには、稲作やお米にまつわるものが数多くあります。全国各地に伝わるそうした祭りを見てみましょう。

稲作と祭りには深い結びつきがある

日本では昔から、田んぼには神様がいて、お米には特別な力があると考えられてきました。

そして、田植えをおこなう初夏には豊作を願い、秋になり稲刈りが終わるころには収穫できたことを感謝し、神様をまつりさまざまな儀式をおこないました。これが、今に伝わる祭りとなったのです。

6月 チャグチャグ馬コ（岩手県滝沢市、盛岡市）

▲農作業に欠かせない馬に感謝する祭り。約80頭の馬にあざやかな装束と多くの鈴をつけ、馬主が引いて滝沢市の鬼越蒼前神社にお参りし、盛岡市の盛岡八幡宮まで歩く。チャグチャグは、鈴の鳴る音をあらわしている。　　　　　　（写真：滝沢市）

6月 壬生の花田植（広島県北広島町）

▲豊作をいのって「田の神」をまつる、はなやかな行事。かすり（模様を出す織り方の一種）の着物にたすきをかけた早乙女（→p.18）が苗を植え、かざりを付けた牛で代かきをするなど、この地方では昔からおこなわれていて、国の重要無形民俗文化財に指定され、ユネスコ無形文化遺産にも登録されている。

（写真：一般社団法人北広島町観光協会）

8月 ねぶた（青森県）

▶奈良時代に中国から伝わった七夕祭りや、古くから津軽地方にあった習慣（農作業をさまたげる眠気をはらう）などがまざり合ったといわれる夏の祭り。伝説の人物などがえがかれたり、人のかたちにつくられたりした大きな灯ろうを引いて町を練り歩く。代表的な「青森ねぶた」と「弘前ねぷた」は国の重要無形民俗文化財。

（写真：青森ねぶた祭実行委員会／制作者：北村隆）

青森ねぶたの高さは台車をふくめて約5mにもなるよ！すごい迫力だね！

8月 秋田竿燈まつり（秋田県秋田市）

▶夏の病気や悪いものをはらう行事や、豊作をいのる行事などが合わさり、古くからおこなわれている祭り。長い竹竿にたくさんのちょうちんを付けた「竿燈」は、稲穂をあらわしたもの。ちょうちんは米俵ともいわれる。大きな竿燈を、てのひらや額、肩、腰などにのせ妙技を見せる。重要無形民俗文化財に指定されている。

（写真：秋田市竿燈まつり実行委員会）

11月 新嘗祭

◀古くから宮中でおこなわれている、収穫を感謝する神事。その年にとれた穀物をお供えしていのり、その後、新米のごはんやおかゆなどを神様といっしょに食べる。現在は天皇が国と国民の安泰をいのるほか、全国各地の神社でもおこなわれている。

▲収穫された農産物をのせた宝船が奉納されることもある。

12月 秩父夜祭（埼玉県秩父市）

▲秩父神社の大きな祭りで、収穫を感謝するとともに、1年をしめくくる行事。約300年の歴史がある。ちょうちんをかざった大きな屋台を引き回し、夜空に花火を打ち上げるはなやかさでも有名。6つの屋台が国の重要有形民俗文化財に、一連の行事が国の重要無形民俗文化財に指定されている。ユネスコ無形文化遺産にも登録されている。

（写真：秩父観光協会）

相撲は豊作をいのる行事だった!?

相撲は、もともと豊作か凶作かをうらなったり、豊作をいのって神様にささげられた行事でした。「しこ」をふむ動作には、農作物の害虫や、病気を起こす悪いものを追いはらう意味があります。また、大地を目ざめさせ、「田の神」の力が消えないようにする意味があるともいわれます。古墳時代のころの土器や埴輪にも、相撲のようすが見られます。

▶しこは土俵にあがったときにおこなわれる相撲の基本的な動作となっている。

23

石高で国を管理する

田んぼの整備や拡大が進み、米の収穫量が増えました。
その米を税として集めるため、権力者は収穫量を調べさせました。

「検地」が始まる

室町時代の終わりごろになると、武士を取りまとめて領地を広げようとする「戦国大名」が登場しました。戦国大名は、自分の領地を広げるために争い、新しい田んぼや畑をつくり、米などの作物の収穫量を増やすことに力を入れました。そして、新しく手に入れた領地の面積やそこでとれる作物の収穫量を調べるために、「検地」をおこないました。農民がおさめる年貢の量も、この検地の結果をもとに決められていたのです。このとき、検地の方法や年貢の計算のしかたは、大名によってばらばらでした。

しかし、戦乱の世の中で各地の戦国大名を支配した豊臣秀吉は、新しい方法で検地をおこなっていました。これを「太閤検地」といいます。安土桃山時代、1590年に秀吉が天下統一を成しとげると、検地の基準が全国で統一されました。

検地のようす

検地奉行が決められた方法で、縄などの道具を使い、田畑の大きさ（面積）をはかる。米をつくる田んぼと麦などをつくる畑は区別し、土地のかたちや水はけの具合などを見て、どのくらい収穫があるのかを決めた。検地は村ごとにおこなわれた。右は江戸時代にえがかれた図だが、方法は太閤検地とほぼ同じ。

（所蔵：国立国会図書館）

細見竹

上部にわらの束をつけた竹のさお。田畑の四つのすみに立てる。田畑が四角くない場合の立て方も決まっていた。

梵天竹

上部に切った紙をつけた竹のさお。細見竹と細見竹の中間に立て、梵天竹と梵天竹のあいだに水縄を張る。

戦国大名による検地

●道具　地域や大名によって、田畑の面積をはかる尺（ものさし）の長さや、作物の量をはかるますの大きさがばらばらだった。

●方法　土地の持ち主や村が申し出た田畑の広さから年貢を計算した。この方法は「差出（指出）検地」とよばれた。

●結果　検地の調査の報告は自己申告によるものだったので、年貢をごまかされることがあった。また、土地は大名のものであるとともに大名の配下である領主などのものでもあり、権利が複雑だった。

豊臣秀吉による太閤検地

●道具　田畑の面積をはかったり、作物の量をはかったりする道具が、全国で統一された。面積をはかるための道具は、当初は尺が用いられていたが、のちにさおが用いられるようになった。

●方法　検地奉行（秀吉が派遣した検地をおこなう役人）が各領地へ行き、どこでも同じ方法で田畑の広さを実際にはかった。

●結果　豊臣政権が、全国の大名の財政（土地の広さや年貢の額）を正確に把握するようになった。領主ではなく農民が土地の権利を得て、大名に年貢をおさめるしくみになり、権利がわかりやすくなった。これにより、荘園（➡p.17）の制度はなくなった。

お米まめ知識　豊臣秀吉が仕えていた戦国大名、織田信長も自分の領地で検地をおこなっているよ。信長の配下だったころ、天下を統一する前の秀吉が、信長から命じられてつくらせた検地帳も現代に残っているんだ。

こんな道具も

秀吉の時代にはこんな道具が生まれました。

京ます

1辺が5寸（約15.2cm）、深さが2寸5分（約7.6cm）の、京ますとよばれたものを1升（約1.73L）の基準にした。材料はヒノキの柾目板（そったり曲がったりしにくい）で、組み合わせ方もほぼ決まっていた。

（写真：東洋計量史資料館／東洋計器）

検地尺

×と×のあいだが1尺（約30.3cm）の、ものさし。秀吉の側近で、検地奉行を務めた石田三成の名前が書いてある。

（写真：尚古集成館）

検地帳

田畑の面積、年貢の量、名請人（年貢をおさめる人）の名前などを記入した。村ごとにつくられた。

（写真：松山市教育委員会）

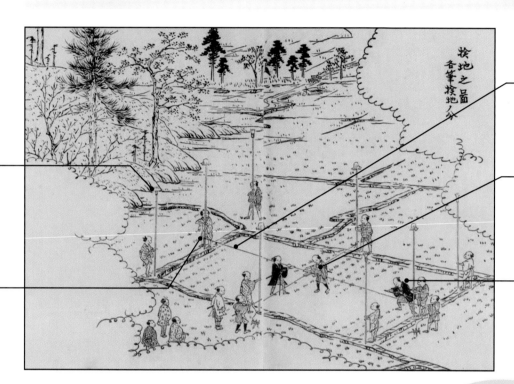

水縄

梵天竹と梵天竹のあいだに張って田畑の広さをはかる。

十字木（十字）

十字のかたちでみぞが掘ってある長さ45cmほどの板。水縄と水縄がまじわる部分をみぞにはめ、水縄が直角か確認する。

間竿

水縄の長さをはかる、ものさし。長さ1間（10尺）や2間のものがある。

石高によって年貢の量が定められる

　検地によって決められた作物の収穫量を「石高」といいます。石は量の単位で、1升の100倍です。田畑は質のよしあしで4段階に分けられ、この質と広さから石高が計算されました。そして農民がおさめる年貢も、この石高によって定められました。

　また、石高は大名がおさめる地域の規模をあらわす基準にもなりました。石高が大きいということは、作物が豊かに実るよい土地があり、財力があることをあらわすようになりました。

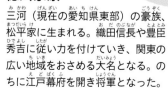

石高（豊臣政権のころ）
加賀83万5000石

前田利家

尾張（現在の愛知県西部）に生まれる。織田信長や柴田勝家に仕え、能登（現在の石川県北部）の大名となる。のちに加賀（現在の石川県中南部）と越中（富山県）も領地に加え豊臣秀吉に従い、「加賀百万石」とよばれる大きな藩の土台をつくった。

※藩とは江戸時代の大名の領地のこと。

石高（豊臣政権のころ）
関東253万石

徳川家康

三河（現在の愛知県東部）の豪族、松平家に生まれる。織田信長や豊臣秀吉に従い力を付けていき、関東の広い地域をおさめる大名となる。のちに江戸幕府を開き将軍となった。

新田開発とお米の流通

江戸時代は戦がなくなり、大がかりな新田開発が進みます。交通が整備されて、全国各地の米が都市に運ばれるようになりました。

新田開発が広まる

江戸時代になると、全国の土地と人びとを、幕府と藩で支配する「幕藩体制」というしくみができあがりました。

幕府は、「幕府領」という領地を直接支配し、幕府領以外の土地は、将軍（幕府の頂点に立つ人）と主従関係を結んだ大名が支配しました。大名が支配していた領地や支配のしくみは「藩」とよばれました。

そして、この幕府や藩の財政を支えていたのが、領地内の農民から徴収する年貢米です。年貢米の収入を増やすために、幕府や藩は新しい田んぼの開発（新田開発）に力を入れました。

こうした背景から、江戸時代には土木技術が発達して各地で大がかりな工事がおこなわれ、平野が広がりました。その結果、室町時代の中ごろは約 100 万 ha ほどだった田畑の面積が、江戸時代の中ごろには約 300 万 ha ほどへと拡大し、幕府や藩の年貢米による収入も増えました。

▲川の流れを変える、海や湖を堤防でしきり水をぬく（干拓）など、大がかりな新田開発がおこなわれた。

もっと！知りたい！ 凶作とききん

江戸時代はさまざまな原因で、収穫量が極端に少ない凶作が起こりました。凶作などで食べものが足りず、人びとが苦しむ状態を「ききん」といいます。ききんによって生活に困った農民たちの不満がばくはつし、武士への抗議や、米を買い占めた商人の家をおそう「打ちこわし（➡ p.38）」が起こりました。

▲『荒歳流民救恤図（渡辺崋山作）』
ききんで苦しむ人たちにお米を分けあたえる施設、「救い小屋」のようす。天保のききんで飢えた人びとが集まってきている。
(所蔵：国立国会図書館)

江戸時代の三大ききん

享保のききん
1732（享保 17）年
西日本で起こり、1 万 2000 人以上の死者が出た。長くふり続いた雨やバッタの大発生が原因。

天明のききん
1782（天明 2）〜 1788（天明 8）年
火山の噴火や冷害、水害の影響で全国的に収穫量が減った。とくに被害が大きかった東北地方では、13 万人が餓死したといわれる。

天保のききん
1833（天保 4）〜 1839（天保 10）年
冷害や洪水などが原因で、全国的なききんが続いた。米の値段が異常な高さとなり、一揆や打ちこわしが起こった。餓死した人は 10 万人以上といわれる。

お米が都市に運ばれる

江戸時代には、新田開発によってお米の生産が拡大するとともに、交通網も発達しました。全国各地で河川が整備され、年貢として幕府や藩におさめられたお米の一部は、船で大坂や江戸といった都市へと運ばれ、売られました。

この時代は、貨幣よりもお米が経済の中心であったため、給料などもお米で支払われ、人びとはお米を売って得る貨幣でものを買っていたのです。

全国から年貢米や地方の特産物（各地の気候、風土に適した作物）が運びこまれて取り引きされていた大坂は、「天下の台所」とよばれて商業の中心地となりました。

▲図は各地の藩がつくった蔵屋敷という建物で、倉庫と取引所をかねている。大坂に一番多かったが、江戸や京都のほか、敦賀、大津、長崎など交通の要所でもある商業都市に置かれた。　（所蔵：国立国会図書館）

江戸時代の後半になると、米を1000石＝約150tも積める船（千石船）が活躍したんだ！

江戸時代の海運

東廻海運
酒田から北へ向かい、津軽海峡を通り、太平洋を回って江戸へ行く船の道。東北地方各地と江戸を船で結び、物や人を運んだ。

西廻海運
日本海に面した酒田から西へ向かう船の道。佐渡、能登、下関などをへて、瀬戸内海を通って大坂へ行く。さらに紀伊半島にそって南へ下り、太平洋を東へ進んで江戸まで行った。西日本の各地域と大坂、江戸を結んで物や人を運んだ。

▶江戸時代から明治時代にかけて、北陸から大坂へ西廻開運で物資を運んだ「北前船」。

松前

弘前

仙台

佐渡

酒田

日本海

能登

敦賀

京都

大津

下関

大坂

長崎

太平洋

江戸

江戸
江戸でくらす旗本や御家人（将軍に直接仕えている武士）の給料もお米だったため、彼らも商人に米を売って貨幣を手に入れた。

朝廷（天皇が政治をおこなう場所）が置かれている京都に近いほか、古くから川や海で船にのせて物を運ぶにも便利な場所だったため、日本で最大の商業都市として大きく栄えた。

※大坂は現在の大阪。
※江戸は現在の東京。

お米まめ知識　江戸時代以降に開発された地域のなかには、2020年現在でも「○○新田」という地名が残っているところがあちこちにあるんだよ。

江戸時代の稲作と農具（えど　いなさく）

長く平和な時代が続いた江戸時代（えど）に、農業は大きく進歩しました。また、商品として都市で利用するための作物も増（ふ）えました。

「農書」によって農具や肥料が広まる（のうしょ）（ひりょう）

新田開発（しんでんかいはつ）が進むと、農民たちも農業技術（ぎじゅつ）の開発に力をそそぎ、お米や作物の収穫量（しゅうかくりょう）を増（ふ）やすために知恵（ちえ）をしぼりました。

農具では、「ふみ車（ぐるま）」や「備中ぐわ（びっちゅう）」、「千歯こき（せんば）」、「とうみ」などが開発され、土地を深く掘り起こしたり、田んぼより低い水路から水をくみ上げたり、効率よく脱穀（こうりつ）（だっこく）したりすることができるようになりました。

また、鎌倉・室町時代（かまくら）（むろまち）には、葉やふん尿（にょう）をまぜて肥料（ひりょう）（→ p.20）をつくっていましたが、江戸時代（えど）中ごろになると、干鰯（ほしか）（干した鰯（いわし））や油かす（菜種の油をしぼったあとのかす）を買って、栄養価（えいようか）の高い肥料（ひりょう）をつくるようになります。

さらに、農業技術（ぎじゅつ）について記した「農書（のうしょ）」とよばれる本が全国に広まったことも、農具や肥料（ひりょう）の普及（ふきゅう）をあと押（お）ししました。

品種改良が進んでお米の生産量が増えた（ふ）

イネの品種改良（→4巻（かん））が進んだのも、江戸時代（えど）のころといわれています。冷害のときなどに、ある農家がたまたま元気に育っていた数少ないイネを見つけ、何年もかけてそのイネを増（ふ）やしていきました。こうして試行錯誤（しこう）（さくご）しながら寒さに強い品種ができると、イネの収穫量（しゅうかくりょう）も大幅（おおはば）に増（ふ）えていきました。

江戸時代の農具（えど）

ふみ車（ぐるま）

用水路の水を田んぼにくみ上げる水車の一種。

（写真：奈良県立民俗博物館）

◀人が羽根板をふむと羽根車が回り、羽根板によって水がくみ上げられる。

備中ぐわ（びっちゅう）

刃先（はさき）が3〜4本に分かれているくわ。土がつきにくく作業しやすいため、しめった重い土でも深く掘（ほ）り起こせる。当時の農書『道具便利論（どうぐ）（べんりろん）』にいくつかの種類がのっている。

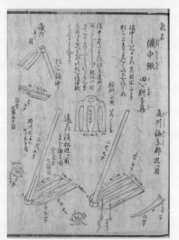

▲『道具便利論（どうぐべんりろん）』　（所蔵：国立国会図書館）

（写真：奈良県立民俗博物館／株式会社クボタ）

江戸時代の中ごろから、町人や農民のあいだで教育がさかんになり、「寺子屋」で読み・書き・そろばんが学ばれるようになったよ

だから農書が読まれるようになったんだね

千歯こき

脱穀をする道具。鉄製の千歯こきは江戸時代はじめごろに大坂でつくられたといわれる。作業が大きくはかどることから、短期間で全国に広まった。

▲くしのようにならんだ竹の歯のあいだにイネの茎をはさみ、手前に引くと稲穂からもみが落ちる。

（写真：奈良県立民俗博物館／株式会社クボタ）

とうみ

玄米ともみ殻を分ける道具。中国から伝わったといわれている。

（写真：奈良県立民俗博物館／株式会社クボタ）

穀物

もみ殻　玄米

◀脱穀したあとの穀物を入れてハンドルを回すと、風の力で重さのある玄米と、軽いもみ殻やゴミが分けられる。

米づくりのくふう 都市で売るための商品作物が多くつくられる

江戸時代の中ごろになると、お米のほかに、綿（木綿）や菜種、その地域ならではの特産物の栽培がさかんになりました。これらの作物は、商品としてほかの地域で販売して貨幣を得ることを目的につくられたため、「商品作物」とよばれました。

四木三草をはじめとする商品作物は、大きな利益が得られるため、各地で積極的に栽培されるようになりました。

四木三草

幕府や藩が商品作物としてつくることをすすめていた作物を「四木（茶・桑・楮・漆）三草（麻・藍・紅花）」という。

四木
茶（飲用）
桑（絹糸をつくる蚕のえさ）
楮（紙の材料）
漆（漆器の材料）

もっと知りたい！ 江戸時代の身分と百姓の役目

江戸時代の社会は、支配者である武士や都市でくらす町人（職人や商人）など、さまざまな身分の人で構成されていました。それらの身分の中で、最も多くを占めていたのは、百姓とよばれた農民たちです。江戸時代の終わりごろは、人口の80％以上が百姓でした。

百姓たちの仕事は、年貢として農産物をおさめる以外にもありました。幕府や藩に命じられて、道路や堤防の工事など、さまざまな力仕事を担っていたのです。百姓は江戸時代の社会を支える、重要な役目を果たしていました。

江戸時代の食文化

経済が発展した江戸時代は、食事のしかたが変わり、新しい食べ物も登場します。大都市の江戸では現代に近いくらしも見られました。

現代と同じようなごはんが食べられていた

　1日の食事が朝昼晩の3食になったのは江戸時代中ごろといわれています。それ以前は1日2食で、さらに白米のごはんは将軍や貴族しか食べられないものでした。しかし、足ぶみ式の唐うすが開発され、一度にたくさんのもみを効率よく精米（収穫したイネからもみ殻などを取りのぞき白米にすること）できるようになると、一般の武士や町人（職人や商人）にも白米を食べる習慣が広まりました。江戸時代の終わりごろには、農民も白米を食べることがありましたが、大変ぜいたくでした。

　また、この時代、江戸では、町人の大半が「長屋（細長い建物の中を壁で仕切っていくつもの部屋をつくり、多くの家族が共同で生活する家）」に住んでいました。壁で仕切られた部屋の中は広さ3坪（10㎡）程度で、とてもせまい空間でしたが、お米を炊くのに欠かせないかまど（➡5巻 p.19）は各部屋につくり付けられていました。羽釜という鍋や厚い鍋のふたが広まり、おいしいごはんが炊けるようになりました。

◀『幼童諸芸教草（歌川国芳作）』
子どもにお米を食べさせる母親のようす。
（所蔵：国立国会図書館）

江戸時代後期の食事

将軍の食事
将軍家はおぜんをふたつ用意して、白米のごはん、汁もの、刺身、野菜の煮物、豆腐、魚料理、漬物などを用意した。

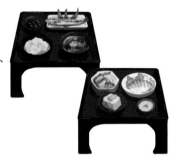

武士の食事
白米のごはんと汁もの、おかず1～2品に、漬物をそえて食べていた。おかずには魚なども出たが、身分の低い武士の場合は、野菜や豆腐が多かった。

町人（職人と商人）の食事
白米のごはんと、ダイコンなどを入れた汁ものが多かった。漬物やおかずがつくこともあり、季節の野菜、豆腐や油揚げ、小魚、貝類が出た。ききんなどでお米が高いときは、ムギ、ヒエ、アワなどの雑穀をまぜたごはんを食べていた。また、食事は、箱ぜんの上で食べていた。
※箱ぜんは、中に食器をしまえる、箱形のおぜん。

農民の食事
農民たちは、ふだんは質素な食事をしていた。お米に雑穀をまぜた、おかゆを食べていた。また、おかずは山菜や木の実、ダイコンやイモなどが中心だった。

外食文化のはじまり

　江戸時代のはじめごろは、食事は家でとることが一般的でした。しかし、1657年に発生し、江戸の町の7割を焼きつくした「明暦の大火」という大火災がきっかけで、外食文化が広まったといわれています。

　この火事の復興のために大工などの職人が江戸に集まりましたが、彼らの多くは家族を故郷に残して仕事に来ていました。そんななか、煮物や煮豆などのおかずを売り出す商人があらわれ、単身者の職人たちに人気となりました。

　また、当時の人びとがくらしていた長屋には本格的な台所がなかったことから、家での食事も、まちでおかずを売り歩いていた商人から買うのが当たり前になりました。もちろん冷蔵庫はありませんから、その日食べる分だけを買っていました。

▲『東都名所高輪廿六夜待遊興之図（歌川広重（初代）作）』
いくつもの店がならぶ大通りに、にぎりずしの屋台が出ている。江戸には、にぎりずし、そば、てんぷらなどの屋台、簡単なおかずとごはんを出す一膳飯屋、うどん屋、そば屋、酒を出す居酒屋などがあらわれた。

（所蔵：神奈川県立歴史博物館）

江戸時代の後半に
持ち運びができる
小さな七輪が広まって、
屋台で使われるように
なったんだよ

江戸時代に食べられていたごはん料理

うな丼
◀うなぎをどんぶりとして食べるようになったのは江戸時代の終わりごろ。江戸時代のはじめごろは、串にさしたうなぎをかば焼きにして食べていた。

にぎりずし
▶江戸時代の終わりごろに、屋台で手軽に食べられるにぎりずしが広まった。すしネタは車えび、こはだ、たまご焼きなど。

深川めし
◀江戸時代、深川（現在の東京都江東区）の漁師たちがまかないとして食べていたごはん。当時は、バカ貝などの貝と、ネギや豆腐を煮た汁をごはんにかけて食べていた。

「江戸わずらい」が流行

　江戸時代の中ごろ、江戸では足元がふらふらしたり、寝こんでしまったりして、ときには命を落とすこともあるという病気が流行します。とくに、地方から江戸を訪れた大名や武士に多く見られました。これは「かっけ」というビタミンB$_1$不足で起こる病気ですが、当時は原因不明でした。調子が悪い人も故郷に帰ると治ったため、「江戸わずらい」とよばれました。

　ビタミンB$_1$は、精米でけずってしまう「胚」にふくまれています。江戸わずらいの原因は、白米中心でおかずの量が少なかった江戸の食生活だったのです。

▲『職人尽絵詞（北尾政美作）』
唐うすで精米をしているようす。江戸では庶民でも1日に少しのおかずと、4〜5合の白米を食べていた。

（所蔵：国立国会図書館）

明治・大正時代の米づくり

文明開化によって国は大きく変化しましたが、農村の生活は苦しいままでした。それでも、稲作の技術は確実に進歩していきました。

税をおさめるしくみが変わる

江戸幕府に代わって国を動かすようになった明治政府は「地租改正」で土地と税の制度を変えました。土地の値段によって決められた税を、お金でおさめるという方法です。国は、それまでの年貢米とはことなり、たとえ不作になっても安定して税を集められるようになりました。

しかし、地方の農民にとってこの制度は大きな負担で、生活は苦しいままでした。不満に思う農民たちが各地で一揆を起こしたため、政府は税率を３％から２.５％に下げましたが、農民の負担はあまり変わりませんでした。貧しい農民の中には、自分の持つ土地を売るものも出てきました。

地主と小作人

江戸時代には土地を売ることを禁止されていたが、地租改正によって自由に土地を売ることができるようになったため、税に苦しむ農民のなかには、土地を売るものがあらわれた。こうして土地を集めた者は地主となり、自分の土地を持たない者は小作人になった。

地主

1890年代には、広い土地を持つ地主があらわれた。土地を小作人にまかせて都市に住む者がいたり、小作料を使って農業以外の仕事に取り組む者もいた。

土地を貸す

小作料をはらう

小作人

地主から土地を借りて作物をつくり、収穫したものを小作料として地主におさめた。小作料の負担は大きく、収穫物の半分以上をおさめる場合もあった。

もっと知りたい！　洋食が食べられるようになった

江戸時代、日本は外国との貿易や交通を制限する鎖国政策をとっていたため、外国の文化はごくわずかしか入ってきていませんでした。江戸時代の終わりに開国をしましたが、西洋化の波が一気に押しよせたのは、国のしくみが変わった明治時代になってからです。

明治時代には、人びとは洋服を着るようになり、牛乳やバター、チーズなどの乳製品、豚肉、牛肉といった肉類が広く食べられるようになりました。欧米から入ってきた料理は、大正時代になると日本でつくりやすいようにアレンジされ、庶民でも気軽に食べられる「洋食」となっていきました。主食が米であることは変わりませんでしたが、おかずの量や種類は、大きく変わりました。

▲カレーライスやオムライス、とんかつなど日本独特の「洋食」が生まれた。

明治・大正時代の稲作技術

明治時代は、政府が積極的に西洋の農業理論を学び技術を取り入れ、文明開化が進みました。東京と北海道には、西洋農学を学ぶための農学校がつくられました。

一方で、日本に根付いた方法で農業を研究する人たちも数多くいました。こうした経験豊富な人たちは「老農」とよばれ、各地で老農の話を聞く農談会が開催されるようになりました。農談会の記録は印刷して配られ、役に立つ情報が全国に広まりました。また、イネの品種改良などに熱心だった「篤農家」とよばれる人たちは、よりよい性質のイネをつくることをめざしました。

田車 （田打車、中耕除草機）

◀苗を植えたあとの田んぼで草取りをする道具。鉄のつめがついた車はちょうど株と株のあいだを通る大きさで、歩きながら押して進むと鉄の車が回転し、どろの中に雑草が埋めこまれる。腰をかがめて手で雑草をぬく大変な作業が、とても楽になった。

（写真：奈良県立民俗博物館／株式会社クボタ）

足ぶみ脱穀機

こぎ胴　ふみ板

▶明治時代の終わりごろに発明された、脱穀をおこなう機械。ふみ板を足でふむと、こぎ胴とよばれるたくさんの針金の付いた筒が回転し、筒に押し当てた稲穂からもみをこそぎ落とす。

田植え定規 （田植えはしご、井桁組型枠）

▲田植えのときに、苗をまっすぐに植えられるように、植える場所にしるしをつける道具。田のなかで転がして使う。苗と苗の列がととのうと、風通しがよく、日当たりに差がなくなりイネの育ち方のばらつきが減る。　（写真：砺波市教育委員会）

交通が発達して農業を研究する人がさかんに交流できる時代になったんだ！

米づくりのくふう　北海道の米づくり

明治のはじめ、北海道では本州からわたった多くの移住者や屯田兵（農業をおこないながら訓練し、戦争のときは戦地で戦う兵士）が、野山を開いて畑をつくりました。北海道は気温が低く稲作には向かないため、最初は畑作と酪農が中心でしたが、多くの人が北海道でお米をつくりたいと願っていました。

1873（明治6）年、中山久蔵という人が「赤毛」という品種で、北海道ではじめて田んぼでのイネの栽培に成功します。その後も多くの人が努力を続けた結果、赤毛種の子孫である「ななつぼし（2001年）」や「ゆめぴりか（2008年）」などが誕生しました。

▲屯田兵は、ロシアなど北の国から北海道を守る兵士としての役目だけでなく、土地を切り開いて農地を広げる役目も果たしていた。

お米まめ知識　江戸時代までの田植えでは、苗の植え方がばらばらだったんだ。田植え定規を使うようになり、苗の列がととのってからは、イネが育ちやすいだけでなく、農作業もしやすくなったんだよ。

昭和時代の大きな変化

20世紀は激動の時代でした。 世界的な不景気や戦争が起こり、
農業のしくみや米の価値は変わっていきました。

 ## 戦争による食料不足

1929（昭和4）年にアメリカから始まった世界的な不景気（世界恐慌）は、日本の米づくりにも影響をおよぼしました。米の値段が大きく下がり、農家の収入が減りました。冷害による大凶作も起こり、東北地方を中心に食料が不足しました。

そして1937（昭和12）年には日中戦争が、1941（昭和16）年には太平洋戦争が始まります。徴兵で男性は強制的に兵役につかされたため、農家の働き手が足りなくなりました。また、空襲による農村への被害もありました。農作物の収穫は激減し、日本は深刻な食料不足におちいりました。

▲不景気と東北の冷害により食べものが不足した。ダイコンをかじって空腹をしのぐ子どもたち。

（写真：毎日新聞）

▶終戦のころには米はまったく足りず、雑穀やサツマイモの食事が多かった。サツマイモの配給に多くの人が列をつくってならんだ。

（写真：毎日新聞）

 ## 戦後の稲作

1945（昭和20）年、多くの犠牲を出した太平洋戦争が終わりました。翌年、※GHQは日本の民主化を進めるために、農地制度の改革を求めます。政府は農地を地主から安く買い上げ、小作人に売りました。小作人は土地を持つ自作農となりました。

長く続く食料不足を解消するため、1958（昭和33）年ごろから政府は大規模干拓を進めます。秋田県の八郎潟（➡1巻 p.30）や九州の有明海などに農地が広がり、米の収穫量は増えました。

しかし食生活の変化などから、1960年代後半には米があまるようになります。政府はこれまでと反対に、米をつくる面積を減らすように農家に求める、生産調整（減反政策）を進めました。

もっと！ 知りたい！ 食生活の変化

戦後の日本には、アメリカの支援によって大量の小麦粉が入ってきていました。その結果、日本人の主食にパンやめん類（小麦粉の食品）が増えていきます。学校給食でも1970年代まではパンとめんが主食となり、朝食がパンという家庭は当たり前になりました。

▶食生活の欧米化により、ごはん以外の主食が増えた。

※GHQとは連合国軍最高司令官総司令部のことで、アメリカを中心とした国ぐにが、日本を占領、統治するために置いた組織。

昭和時代の農業技術

1960年ごろから農業機械が普及し大幅に作業時間が短縮されました。また、田んぼが複雑なかたちをしていると機械で作業をするのがむずかしいため、小さな田んぼをまとめて一定の大きさにする耕地整理もおこなわれました。その結果、大きな規模で農作業をおこなえるようになりました（➡ 2巻 p.32 ～ 33）。

人の手間は減りましたが、機械を買う費用や燃料代、修理代が高くなりました。大規模になった分、費用もふくらんだのです。

耕うん機

▲エンジンで動かし、田畑を耕す機械。押しながら使う。1920年にオーストラリアで発明されたといわれ、日本にも同じころに入ってきたが、国産の耕うん機が広く使われるようになるのは1960年よりあと。

田植え機

▶人が腰をかがめて苗を植えてきた作業を、機械でおこなうもの。1968（昭和43）年に開発された動力式のものは、人が機械を押して歩くタイプ。その後は大型になり、人が乗って操作するものになった。

トラクター

▲作業機を後部につけた乗車型の耕うん機。作業機を取りかえることにより田畑を耕すだけでなく、代かきなどいくつもの作業に対応する。写真は1960（昭和35）年のもの。

バインダー

▲かまを使っていた稲刈りを、機械でおこなえるようにした歩行型の稲刈り機。刈り取ったイネは機械の中でひもを通し、束ねることができる。

コンバイン

▲稲刈りから脱穀までを1台でこなす機械。広い田んぼが増えたことにより、1960年代後半から、こうした大型機械が発展した。

株式会社クボタに協力をお願いして、農業機械の歴史を見せてもらったよ

（写真：株式会社クボタ）

お米まめ知識 1942（昭和17）年に、政府は米をはじめとするおもな食べ物を国が管理する「食糧管理法」を制定して、食料を配給制にしたんだよ。けれども、食料不足は解消されなかったんだ。

平成から令和の時代へ

米づくりやお米の販売は競争の時代となりました。農業技術はさらに進化し、新しい農業のかたちが生まれようとしています。

お米の流通の「自由化」と輸入の「自由化」

平成時代は、お米のふたつの「自由化」が進んだ時代でした。ひとつが流通の自由化です。日本では、大正時代から長いあいだ、政府がお米の流通ルートや値段を管理してきました。それは、年間を通してお米の供給を安定させ、農家の人たちや国民が困らないようにするためでした。しかし、2004（平成16）年の「新食糧法」によって、流通がほぼ自由化しました（➡3巻 p.25）。

もうひとつは、輸入の自由化です。1995（平成7）年まで、日本はお米を輸入するときに高い関税がかかるようにして、外国のお米が入ってこないようにしていました。しかし、外国の国ぐに

は、高い関税を撤廃し、日本と自由に貿易をおこなうことを望んでいました。そこで政府は、1995（平成7）年から、「ミニマムアクセス米」とよばれる関税がかからないお米を一定量輸入することにしました（➡3巻 p.42）。

流通や輸入が自由化して農家の人たちや、お米を販売をする人たちは競争に勝つくふうをしなくちゃいけなくなったんだね

関わる人たちは大変だけれどこれまでにはない新しい農業のかたちや商品が生まれるチャンスでもあるんだよ

もっと知りたい！ スーパーライス計画

1989（平成元）年から1995（平成7）年まで、農林水産省が中心となって「スーパーライス計画（➡4巻 p.14〜15）」が進められました。

江戸時代から昭和時代までは、「育てやすい」「収穫量が多い」「おいしい」といった目的に合わせて品種改良がおこなわれていましたが、スーパーライス計画では、今までにない、新しい特性を持った品種が生まれました。

スーパーライス計画で生まれたおもな品種

品種	特徴
高アミロース米	お米にふくまれるアミロースの割合が高く、炊いたときにねばりが少ない。ビーフンなどの加工品の原料にもなる。
低アミロース米	お米にふくまれるアミロースの割合が低く、一般的なお米とくらべてねばりが強い。冷めてもかたくなりにくい。
巨大粒米	粒の大きさが、一般的なお米の1.8倍（重量比）ほどある。食用とするほか、みそや日本酒などの加工食品をつくるのに適している。
香り米	炊いたときにポップコーンのような香りがする。白米に少しまぜて炊くと風味がよくなり、カレーなどに合う。

お米まめ知識　スーパーライス計画後も各地で品種改良の努力が続けられ、主食用の品種は約290（平成31年3月31日現在）ほどつくられているよ。

平成・令和時代の農業技術

　時代をへて進化を続けてきた米づくりは、最先端技術を取り入れ、新たな農業のかたちを生み出そうとしています。その代表が「スマート農業」（➡2巻p.44）です。ロボット技術やAI（人工知能）、ICT（情報通信技術）を駆使して人にかかる負担を減らし、これまでよりもさらに効率のよい米づくりを実現しようとしています。これらの技術が実用化すれば、経験を積んだ農家の人や体力のある若い人でなくても農業に取り組みやすくなり、日本の米づくりのさらなる発展につながっていくかもしれません。

ドローンを活用

ドローンに搭載したセンサーを使ってイネの生育状況を計測・数値化する「センシング」をおこなったり、肥料の散布に活用したりできる（➡2巻p.45）。

▲広大な田んぼでもドローンを使えば効率よく農作業がおこなえる。
（写真：市川農場）

▲カメラやセンサーなどから得た情報をもとに、ロボットが効率のよい作業をおこなう。
（写真：株式会社クボタ）

自動運転の農業ロボットで農作業

自動走行するトラクター、田植え機、コンバインなど、実用化が進んでいる。将来的には、人が遠隔で監視し、無人で農作業をおこなう完全無人化をめざしている（➡2巻p.45）。

遠隔操作や完全無人化の技術が進めば夜間にも農作業ができるよ

アシストスーツで重労働を軽減

米袋など重い荷物を運んだり危険な作業をおこなったりするときに、アシストスーツによって負荷を低減できる。

除草ロボットの開発も進んでいるよ

▶アシストスーツを使えば、力のない人でも重い荷物を運ぶことができる。
（写真：サイバーダイン株式会社）

お米事件簿

日本の歴史上、お米にまつわる騒動は何度も起こりました。
お米は日本人にとって、それほどまで重要なものなのです。

お米が足りないとき各地で騒動が起こる!

お米は日本人の大切な主食です。昔は現代ほど食生活が多様ではなく、日々の食料をほとんどお米にたよっていました。お米が手に入らないということは、生きるためのエネルギーがとれないということでもあったのです。そのため、凶作でお米が不足したり、お米の価格が上がってしまったりしたときは、大きな騒動になりました。近世から現代にかけて起こった、お米に関わる事件を見てみましょう。

お米が足りなくなることは命に関わるほど重大なできごとだったんだね

江戸時代 〈民衆が米屋を襲撃!?〉 打ちこわし

江戸時代には1732（享保17）年、1782～1788（天明2～8）年、1833～1839（天保4～10）年の3度、大きなききんが起こった（➡p.26）。これはそれぞれ享保・天明・天保の大ききんといい、大変な米不足をまねいた。お米の価格が上がり、生活に困った人びとが米屋や商店をおそう「打ちこわし」が発生した。

▶『幕末江戸市中騒動図（細谷松茂〈伝〉）』
これは1866年に起こった打ちこわしの図。米屋が買い集めた米俵を、民衆がこわして米をばらまいている。おどろく米屋の夫婦や、こぼれた米を集める人びともえがかれている。

（東京国立博物館蔵 Image: TNM Image Archives）

明治時代 〈税率が高くて生活が苦しい!〉 地租改正反対一揆

明治政府は地租改正によって、お米ではなくお金で税をおさめるように命じた（➡p.32）。これは実際の収穫量とは無関係に、土地の価値に応じて高額な税をおさめるという制度だったため、農民たちは反対運動を開始。1875（明治8）年から1877（明治10）年にかけて、全国ではげしい一揆が起こった。

◀『三重県下頑民暴動之事件（月岡芳年作）』
1876（明治9）年12月に三重県で起こった地租改正反対一揆、「伊勢暴動」の図。度重なる一揆を受けて、明治政府は地租を3％から2.5％に引き下げた。

（所蔵：三重県総合博物館）

大正時代

\主婦たちが立ち上がった！/
米騒動

1914 ～ 1918（大正3 ～ 7）年の第一次世界大戦は、日本に好景気をもたらした。しかし、物価が上がり、お米の価格はたったの9か月で倍近くになってしまった。商人たちによるお米の買い占めまで起こり、お米の価格はさらに上がった。1918（大正7）年、これに怒った富山県の漁村の主婦たちが反対運動を起こし、これが全国的な米騒動へと広がった。

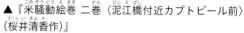

▲『米騒動絵巻 二巻〈泥江橋付近カブトビール前〉（桜井清香作）』
愛知県の名古屋での米騒動のようすをえがいた図。暴徒の集団が米屋や警察の派出所をおそい、軍隊まで出動する大事件になった。

（徳川美術館所蔵 ©徳川美術館イメージアーカイブ／ DNPartcom）

昭和時代

\皇居前に約25万人が集結！/
食料メーデー

太平洋戦争に敗戦した1945（昭和20）年、人びとは国からお米の配給を受けてくらしていた。しかし配給はたびたびおくれて、ときにはストップしてしまうことさえあった。1946（昭和21）年5月、皇居前に約25万人もの人が集まり、天皇と政府に食料事情の改善をうったえた。

▶食料メーデーに参加する子どもたち。プラカードには「ボクタチハ ワタシタチハ オナカガ ペコペコデス」と書かれている。

（写真：毎日新聞社）

▲政府の対応の悪さに抗議した家電安売り店が、お米を無許可で大安売りするようす（このころは、販売許可がないとお米を売ることができなかった）。店頭にはお米を求めて、多くの人が集まった。

（写真：毎日新聞）

平成時代

\日本のお米が足りなくなる!?/
外国米の緊急輸入

現代になっても、お米にまつわる騒動は起こっている。1993（平成5）年、冷夏によって農作物が不作になり、全国的にお米が不足するという被害が起こった。急な米不足にあわてた政府は、タイ米やカリフォルニア米などの外国米を緊急輸入した。お米を買うために行列ができたり、店頭からお米が買い占められたりするなど、「平成の米騒動」ともよばれる大きな騒動になった。

米づくりの未来を考えよう!

1巻から6巻まで勉強したことを思い出してみよう!

宿題のテーマをお米にしたんだけど何書いたらいいかなあ

米づくりの歴史を勉強してダイチくんはどう思った?

どの時代の人もいろいろなくふうをして

農具や技術がどんどん発達してきたことがわかったよ

ダイチくんが大人になるころ米づくりはどんなふうになると思う?

新しい技術がどんどん開発されて米づくりはもっと進化しそう

たとえば…

明日の田植えロボ走行設定完了!

ふわぁ

おやすみ〜

オッケーちゃんと田植えしてる♪

おはよう!

…とか!

この巻の p.37 や2巻で勉強した「スマート農業」だね

日本のお米年表

日本の稲作は時代の流れにそって、大きく進歩してきました。 お米に関わる歴史上のさまざまなできごとを、縄文時代から現代までたどってみましょう。

時代	世紀	西暦(年号)	歴史上の大きなできごと(<>内は時代の変化)	お米に関するできごと
縄文時代	紀元前	5000年ごろ	狩りや魚取りなど採集生活がおこなわれる	
		300年ごろ		•温帯型ジャポニカ種のイネと稲作の技術が、日本に伝わる •福岡県の板付などで稲作がおこなわれる
弥生時代				•奈良県の唐古・鍵で稲作がおこなわれる •イネの穂をつむ石包丁が使用される •木製のきね・すき・くわが使用される
	1〜6世紀			•青森県の垂柳で稲作がおこなわれる
			<小国家が分立する>	•稲作を中心とする社会ができる •静岡県の登呂で稲作がおこなわれる
古墳時代			<大和朝廷の国土統一が始まる>	•このころ、鉄製のすき・くわが使われ始める
		600年ごろ		•日本最古のダム式ため池、狭山池がつくられる
飛鳥時代	7世紀		<古代国家のしくみがととのえられる>	
		645(大化元)年	大化の改新が始まる	
		646(大化2)年	「改新の詔」が発表される	•「班田収授の法」が発表される。口分田があたえられ、米を税(租)としておさめるようになる
		701(大宝元)年	大宝律令が完成する	•このころから、「班田収授の法」が本格的におこなわれる
		710(和銅3)年	都を平城京(奈良)に移す	
奈良時代	8世紀			•人口増加によって口分田が不足し始める •このころ、なれずしがつくられる
		722(養老6)年		•「百万町歩開墾計画」によって、口分田の不足をおぎなうための開墾がすすめられるが、うまくいかない
		723(養老7)年		•「三世一身の法」により、開墾した田んぼ(墾田)を子・孫・ひ孫(本人・子・孫の説もある)の3世までが所有してもよいことになる
		743(天平15)年		•「墾田永年私財法」により、墾田を永久に私有してもよいことになる
		794(延暦13)年	都を平安京(京都)に移す	
平安時代	9世紀		<荘園が各地に広まる>	
	10世紀	902(延喜2)年		•荘園の増加をおさえるために、「荘園整理令」が出されるが、効果がない
	11世紀	1069(延久元)年		•荘園の増加をおさえるために、またも「荘園整理令」が出され、さらに記録所(役所)が設置される
	12世紀		<武家政治が始まる>	
		1192(建久3)年	源頼朝が征夷大将軍になる	
鎌倉時代	13世紀			•牛や馬を使って田を耕すようになる •このころから田んぼに水を引く水車が普及する •このころ二毛作が始まる
		1297(永仁5)年	永仁の徳政令が出される	

時代	世紀	西暦（年号）	歴史上の大きなできごと（< >内は時代の変化）	お米に関するできごと
鎌倉時代	14世紀	1331（元徳3）年	元弘の乱で北条氏が敗れる（～1333年）	
		1334（建武元）年	建武の新政がおこなわれる	
		1338（延元3）年	足利尊氏が征夷大将軍になる	
			<守護大名の力が強まる>	
室町時代	15世紀	1428（正長元）年		•徳政を求め、大規模な正長の土一揆が起こる
		1429（永享元）年		•播磨国、丹波国で土一揆が起こる
		1441（嘉吉元）年		•嘉吉の土一揆が起こる
		1467（応仁元）年	応仁の乱が起こる（～1477年）	
		1485（文明17）年		•山城の国一揆が起こる（～1493年）
		1488（長享2）年		•加賀の一向一揆が起こる（～1580年）
				•このころ排水・施肥技術が進み、田畑の二毛作が広がる
	16世紀		<戦国大名の争いが各地に起こる>	
				•このころ甲斐国で信玄堤がつくられる
		1573（天正元）年	織田信長が足利氏を京都から追放する	
安土桃山時代		1582（天正10）年		•太閤検地が始まる（～1598年）
		1588（天正16）年	一揆を防ぎ、農民を耕作に専念させるために、刀狩がおこなわれる	
		1590（天正18）年	豊臣秀吉が全国を統一する	
		1600（慶長5）年	関ヶ原の戦いが起こる	
江戸時代	17世紀	1603（慶長8）年	徳川家康が江戸幕府を開く	
			<封建制度のしくみがととのい鎖国がおこなわれる>	
		1639（寛永16）年	鎖国令が出される（鎖国の完成）	
		1643（寛永20）年		•田畑の売買を禁止する「田畑永代売買の禁令」が制定される
		1673（延宝元）年		•田畑の分割相続を禁止する
				•このころから備中ぐわ、千歯こき、千石どおしが普及する
	18世紀	1722（享保7）年		•財政の不足を補うため、大名に米を上納させる制度が定められる（～1731年）
			<封建社会がくずれ始める>	
		1732（享保17）年		•享保のききんが起こる。全国で200万人が飢えに苦しむ
		1782（天明2）年		•天明のききんが始まる。仙台藩だけでも30万人が餓死（～1788年）
	19世紀	1833（天保4）年		•天保のききんが始まる（～1839年）。このころ、ききんで困窮した農民が百姓一揆や打ちこわしを起こす
		1837（天保8）年		•大坂で大塩平八郎の乱が起こる
		1853（嘉永6）年	ペリーが浦賀に来航する	
		1867（慶応3）年	大政奉還で政権が徳川家から朝廷に返る	
明治時代			<明治維新が始まる>	
		1872（明治5）年		•「田畑永代売買の禁令」がとかれる
		1873（明治6）年		•「地租改正」によって、税が年貢米から地価の3％の地租へと変わる

時代	世紀	西暦（年号）	歴史上の大きなできごと（< >内は時代の変化）	お米に関するできごと
明治時代	19世紀	1874（明治7）年		•北海道の開拓と警備にあたる屯田兵が制度化される
		1877（明治10）年		•地租が2.5％に下げられる
			<憲法を基礎とする政治（立憲政治）が始まる>	
		1889（明治22）年	大日本帝国憲法が、発布される	
			<日本の産業革命が進み、国際的地位が向上する>	
		1894（明治27）年	日清戦争が始まる（〜1895年）	
大正時代		1914（大正3）年	第一次世界大戦に参戦する	
				•このころ足ぶみ脱穀機が普及する
		1918（大正7）年		•米の値段が異常に上がり、全国に米騒動が広がる
		1921（大正10）年		•「米穀法」が制定され、政府がお米の値段を調整するようになる
		1923（大正12）年	関東大震災が起こる	
昭和時代	20世紀		<戦争への道をたどる>	
		1929（昭和4）年	世界恐慌が起こる	
		1930（昭和5）年		•昭和恐慌が起こる。この年、豊作であったために米価が下落し、豊作ききんとなる
		1931（昭和6）年	満州事変が起こる	•北海道、東北地方が大凶作。農村の困窮が深刻化する •新潟県農事試験場が初の水稲育種「農林1号」を発表する
		1932（昭和7）年		•文部省の発表によると、農漁村の欠食児童が20万人
		1937（昭和12）年	日中戦争が始まる（〜1945年）	
		1939（昭和14）年		•「米穀配給統制法」が公布される •米の7分づき以上の精米が禁止される（7分づきは玄米のぬかを7割取ること）
		1940（昭和15）年		•国民精神総動員中央連盟が「各戸で節米1割」を決定する •米、みそ、さとう、マッチなど生活必需品10品目の切符制採用が決まる •農林省が「米穀管理規則」を公布。農家保有米をのぞき、米を国家が管理するようになる
		1941（昭和16）年	太平洋戦争が始まる（〜1945年）	•6大都市で、米穀通帳・外食券制が実施される。米の配給量は1日2合3勺（約330g）。やみ米が出回る
		1942（昭和17）年		•「食糧管理法」が制定される
		1944（昭和19）年		•6大都市で国民学校学童への1食米7勺（約100g）の給食が始まる
		1945（昭和20）年	広島・長崎に原子爆弾が投下される ポツダム宣言を受け入れて降伏する 太平洋戦争が終結する	•米の配給が1割減。ひとり1日2合1勺（約300g）に下げられる
			<民主化への歩みが進められる>	
		1946（昭和21）年	日本国憲法が公布される	•食料メーデーがおこなわれ、皇居前に約25万人が集まる •農地改革が進められる •米の配給がひとり1日2合5勺（約355g）に増える •学校給食が再開される
		1952（昭和27）年		•「食糧管理法施行規則」が一部改正される •民営の米屋復活。供給がすんだあとの米の自由販売ができるようになる •学校給食が全国で実施される

時代	世紀	西暦（年号）	歴史上の大きなできごと（<>内は時代の変化）	お米に関するできごと
昭和時代	20世紀	1955（昭和30）年		・戦前戦後を通じて最高の豊作 ・このころから農家の兼業化が進む ・東芝が自動式電気釜を発売する
		1956（昭和31）年	国際連合に加盟する	
		1958（昭和33）年		・秋田県八郎潟の干拓工事が始まる
		1961（昭和36）年		・「農業基本法」が公布される（～1999年） ・コンバインが試用される
		1964（昭和39）年	東京オリンピックが開催される	
		1967（昭和42）年		・田植え機が使われ始める
		1968（昭和43）年	小笠原諸島が日本に復帰する	
		1969（昭和44）年		・「生産調整（減反政策）」が始まる ・「自主流通米」制度が始まる
		1970（昭和45）年	大阪で日本万国博覧会が開催される	・米の収穫量1300万tの大豊作 ・このころから田植え機、バインダー、コンバインが普及する
		1971（昭和46）年		・米の収穫量1088万7000tで15年ぶりの不作になる
		1972（昭和47）年	沖縄諸島が日本に復帰する	
		1975（昭和50）年		・農家戸数は約495万戸に減少する。また、農家人口が約2319万人で全人口の20.7％に落ちこむ
		1976（昭和51）年		・米飯給食が開始
		1978（昭和53）年		・これまでで最高の豊作となる
		1980（昭和55）年		・アメリカなどが日本に米の輸入を認めさせようとする交渉が始まる
		1982（昭和57）年		・「改正食糧管理法」が制定される
		1986（昭和61）年		・アメリカ精米業者協会が日本の過剰な米輸出が不当だとしてうったえる
平成時代	21世紀	1993（平成5）年		・冷害により、戦後最大の不作となる
		1994（平成6）年		・「食糧法」が制定される
		1995（平成7）年	阪神・淡路大震災が起こる	・「食糧法」が実施される。米の流通が自由化し、自主流通米中心の流れに変わる ・「ミニマムアクセス米」の輸入が始まる
		1999（平成11）年		・米が関税化される
		2001（平成13）年		・JAS法にもとづき、米の新しい品質表示制度が始まる
		2004（平成16）年		・「新食糧法（改正食糧法）」が実施される。農家でなくても、自由に米を販売できるようになる
		2007（平成19）年		・米価が暴落し、米緊急対策（米価暴落の緊急対策）がおこなわれる
		2011（平成23）年	東日本大震災が起こる	
		2018（平成30）年		・「生産調整（減反政策）」が終了する ・「TPP11協定」が結ばれる

さくいん

ここでは、この本に出てくる重要な用語を50音順にならべ、その内容が出ているページ数をのせています。
調べたいことがあったら、そのページを見てみましょう。

監修

辻井良政（つじいよしまさ）

東京農業大学応用生物科学部教授、農芸化学博士。専門は、米飯をはじめとする食品分析、加工技術の開発など。東京農業大学総合研究所内に「稲・コメ・ごはん部会」を立ち上げ、お米の生産者、研究者から、販売者、消費者まで、お米に関わるあらゆる人たちと連携し、未来の米づくりを考え創出する活動もおこなっている。

佐々木卓治（ささきたくじ）

東京農業大学総合研究所参与（客員教授）、理学博士。専門は作物ゲノム学。1997年より国際イネゲノム塩基配列解読プロジェクトをリーダーとして率い、イネゲノムの解読に貢献。現在は、「稲・コメ・ごはん部会」の部会長として、お米でつながる各業界関係者と協力し、米づくりの未来を考える活動をけん引している。

装丁・本文デザイン　周 玉慧、スズキアツコ
DTP　有限会社天龍社、Studio Porto
協力　東京農業大学総合研究所研究会
　　　（稲・コメ・ごはん部会）、佐藤 豊（国立遺伝学研究所）
　　　山下真一、梅澤真一（筑波大学附属小学校）
編集協力　二木たまき
キャラクターデザイン・マンガ　森永ピザ
イラスト　いとうみちろう
校閲・校正　青木一平、村井みちよ
編集・制作　株式会社童夢

取材協力・写真提供
山口県立山口博物館／佐賀県／株式会社パレオ・ラボ／唐津市／伊都国歴史博物館／田舎館村教育委員会／神戸市立博物館／静岡市教育委員会／飯南町教育委員会／岡山県古代吉備文化財センター／滝沢市／一般社団法人北広島町観光協会／青森ねぶた祭実行委員会／北村隆／秋田市竿燈まつり実行委員会／秩父観光協会／東洋計量史資料館（東洋計器）／尚古集成館／松山市教育委員会／奈良県立民俗博物館／神奈川県立歴史博物館／砺波市教育委員会／東京国立博物館／三重県総合博物館／徳川美術館／市川農場／サイバーダイン株式会社／株式会社クボタ

写真協力
DNPアートコミュニケーションズ／毎日新聞

イネ・米・ごはん大百科

⑥ お米の歴史

発行　2020年4月　第1刷
監修　辻井良政　佐々木卓治
発行者　千葉 均
編集　崎山貴弘
発行所　株式会社ポプラ社
　　　　〒102-8519　東京都千代田区麹町4-2-6
　　　　電話　03-5877-8109（営業）
　　　　　　　03-5877-8113（編集）
　　　　ホームページ　www.poplar.co.jp（ポプラ社）
印刷・製本　凸版印刷株式会社

ISBN978-4-591-16536-2　N.D.C.616／47p／29cm Printed in Japan

P7215006

イネ・米・ごはん大百科

全**6**巻

監修 辻井良政
佐々木卓治

◆ 全国各地の米づくりから、米の品種、料理、歴史まで、お米のことがいろいろな角度から学べます。

◆ マンガやたくさんの写真、イラストを使っていて、目で見て楽しくわかりやすいのが特長です。

小学校中学年から A4変型判／各47ページ
図書館用特別堅牢製本図書